DÉPARTEMENT DE LA GIRONDE. — ENSEIGNEMENT AGRICOLE.

INSTRUCTION SIMPLIFIÉE

pour la constatation

DES PROPRIÉTÉS, DES ALTÉRATIONS ET DES FALSIFICATIONS

DES PRINCIPALES DENRÉES ALIMENTAIRES

PRODUITES OU RÉCLAMÉES PAR L'EXPLOITATION RURALE (1);

Rédigée et distribuée par M Aug. PETIT-LAFITTE, *professeur d'agriculture, chargé de l'inspection agricole du département de la Gironde.*

« De nos jours, les progrès rapides des sciences « appliquées, et plus particulièrement de la chimie « médicale, agricole et manufacturière, ont permis « d'aborder et de résoudre les problèmes relatifs à « l'alimentation salubre des hommes et des ani- « maux, aux procédés de conservation des subs- « tances alimentaires, aux essais faciles qui dé- « montrent les qualités, les altérations ou les « falsifications de ces substances. »

(M. A. PAYEN : *Des Substances alimentaires.*)

Le cultivateur honnête, est confiant par nature et par nécessité; il ne soupçonne pas une tromperie, il n'a pas le temps de la vérifier.

Cependant, nous vivons à une époque où d'avides spéculateurs savent tirer parti de cette double facilité : malgré les dispositions de l'art. 423 du Code pénal; malgré celles

(1) Cette instruction est destinée à faire suite à celles que nous avons déjà rédigées en collaboration de nos auditeurs et pour les besoins de notre enseignement, sur la *Sincérité des engrais artificiels* (1852), l'*Analyse des terres* (1854), l'*Essai des eaux d'irrigations* (1856), l'*Appréciation des fourrages* (1857).

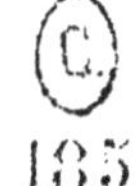

de la loi du mois de Mars 1851 ; malgré la surveillance de la police et l'indignation de tous les honnêtes gens.

D'un autre côté aussi, il peut arriver qu'une denrée, par une cause quelconque, s'altère, se détériore, perd de sa qualité et de sa valeur, ou même acquiert ainsi des propriétés nuisibles, quelquefois dangereuses.

Dans tous ces cas, il importe que le cultivateur, l'homme des champs, celui qui vend les denrées qu'il produit et achète celles dont il a besoin, puisse se fixer, d'abord sur la qualité, la valeur, l'état satisfaisant des denrées qu'il livre à la consommation publique ; en second lieu, sur la pureté, la sincérité de celles nécessaires à sa consommation.

C'est pour ce double motif que nous avons cru devoir joindre à nos démonstrations pratiques de l'exercice 1857-58, celle des moyens simples et faciles propres à constater les propriétés, les altérations, les falsifications des principales denrées alimentaires et autres, produites ou réclamées par l'exploitation rurale.

C'est pour ce double motif, encore, que nous avons cru devoir faire, de la réunion de ces moyens, l'objet de la rédaction et de la publication d'une cinquième instruction, semblable à celles déjà rédigées et publiées sur des sujets analogues.

Ici, pas plus que dans nos précédentes instructions, nous n'avons rien inventé, et notre seul mérite, s'il y en a un, consiste dans le soin que nous avons pris de rechercher dans différents ouvrages plus ou moins volumineux, de réunir et d'exposer avec méthode et clarté, les moyens les plus simples et les plus faciles pour les opérations qui vont suivre. Il consiste aussi dans le soin que nous avons pris d'expérimenter ces moyens et de nous assurer ainsi de la valeur pratique de chacun d'eux.

PREMIÈRE PARTIE.

Denrées servant à l'alimentation des hommes.

Les denrées servant à l'alimentation des hommes sont nombreuses, la plupart susceptibles d'altérations capables d'en diminuer beaucoup la valeur; susceptibles aussi de falsifications d'autant plus importantes à connaître qu'elles peuvent aller jusqu'à rendre dangereux l'emploi de ces denrées.

Cependant, comme nous ne pouvons pas nous occuper de toutes, comme d'ailleurs toutes ne nous intéressent pas au même degré, voici l'indication de celles sur lesquelles se portera notre attention. Le blé et la farine, le pain, le lait, le vin, le vinaigre, l'eau-de-vie, le beurre, la graisse, le sel marin.

ARTICLE 1er.

LE BLÉ ET LA FARINE.

La graine du froment (*Triticum sativum*) est ce que nous appelons le blé, le grain de blé.

Ce grain est de forme ellipsoïde, courte et allongée. Une ligne profonde le partage sur une de ses faces et dans toutes sa longueur. Ainsi, il paraît formé de deux plans qui se prolongent et se contournent en volutes à l'intérieur : ce qui fait qu'en réalité, un grain de blé représente deux cylindres juxta-posés, formés par l'enroulement, en sens opposés, de deux moitiés d'une substance d'abord disposée en feuille épaisse.

L'une des extrémités du grain de blé, celle par laquelle il tenait à l'épi, l'extrémité inférieure, offre une petite cicatrice à l'extérieur et, à l'intérieur, le germe de la graine ou l'embryon.

L'autre extrémité, l'extrémité supérieure ou la pointe, est pourvue de poils nombreux et très-fins.

Coupé perpendiculairement à son axe, le grain de blé présente :

1° Une enveloppe générale ou sorte de peau, la pellicule épidermique : c'est un tissu de couleur spéciale, dite *couleur froment* plus ou moins prononcée; uni, mais admettant souvent des plis transversaux, surtout quand le grain est mal venu, qu'il a été *échaudé*, qu'il est resté rachitique. Ce tissu est résistant, et la chimie s'est convaincue qu'il était imprégné de silice; de la matière formant le caillou, le sable, et donnant à la paille son poli extérieur, et la propriété de résister longtemps à l'action de l'eau quand on l'emploie pour couvrir les bâtiments,

2° Immédiatement sous cette peau, on voit :

A la vue simple, une matière ou d'un blanc mat, ou d'une nature cornée et transparente, ou offrant, par places distinctes, ces deux aspects.

A la vue aidée d'un microscope ou d'une forte loupe, immédiatement sous la peau, on voit des cellules de couleur grisâtre, contenant des matières azotées, albumineuses et caséeuses, des phosphates de chaux et de magnésie, et des matières grasses.

3° Après ces premières cellules et plus avant dans l'intérieur du grain, on découvre encore des parties de plus en plus blanches offrant, renfermées dans d'autres cellules, plusieurs principes immédiats, et particulièrement l'amidon et le gluten.

Au surplus, et d'une manière générale, voici ce que l'on trouve dans les graines des céréales et des légumineuses : 1° de la cellulose; 2° de l'amidon ou fécule; 3° du gluten, de l'albumine, de la caséine; 4° une matière sucrée; 5° une matière gommeuse; 6° une matière grasse; 7° une huile essentielle; 8° des sels variables.

Les blés ne sont pas tous les mêmes, ni sous le rapport du poids, ni sous celui de la qualité.

A ce premier point de vue, pour un poids déterminé, il faut un nombre plus ou moins grand de grains, et une mesure déterminée peut aussi peser plus ou moins.

L'hectolitre peut peser, en minimum 75 kilogrammes, en maximum 85, en moyenne 80.

Les anciens poids avaient pour unité le grain de blé, pris pour 0, gram. 053 : 100 grains pesaient, 5 gram. 3.

A ce second point de vue, on ne peut pas faire, avec tous les blés, ni la même quantité, ni la même qualité de pain : ce pain est plus ou moins nourrissant, plus ou moins blanc, etc., etc...

Les causes des variations de qualité sont assez nombreuses. Elles tiennent aux espèces des blés; à la nature des terres; à leur préparation; à leur fumure; aux influences des climats; à celles des années, etc.

D'après tout ce qui précède, il est possible de faire une classification générale des blés, et de les répartir tous dans les trois catégories suivantes :

1° *Blés durs.* — Leur cassure accuse une grande dureté; la matière qu'elle met à découvert est d'aspect corné, solide, transparente dans toute sa masse.

Ces blés sont riches en gluten, la matière essentiellement azotée. Ils retiennent relativement moins d'eau, et se conservent beaucoup mieux que les autres. A poids égaux, ils donnent aussi plus de farine, et par conséquent de pain; cette farine elle-même a un petit reflet doré, et ses produits ont un excellent goût, quelque chose qui rappelle la noisette (1).

---

(1) Tels étaient surtout les blés des coteaux de la Garonne, du Tarn, de la Baïse, du Lot, etc., au temps où Montauban, Moissac, Nérac avaient, en quelque sorte, le monopole des farines qui se

Toutes ces propriétés, nous le répétons, peuvent être attribuées aux causes déjà énumérées, et principalement au climat, aux terres et aux engrais;

2° *Blés demi-durs.* — Leur cassure constate ce degré moindre dans leur dureté. Elle démontre que la zone seule, immédiatement adhérente à la pellicule, est cornée et transparente, tandis que le reste est d'un blanc mat et d'apparence farineuse.

3° *Blés tendres*, ou *blés blancs.* — Beaucoup moins durs que les précédents et présentant, dans leur intérieur, une substance d'un blanc mat, molle et farineuse. Ils fournissent une farine extrêmement blanche; mais elle est moins sèche, moins riche en gluten, et par suite moins nutritive. La mouture en est plus facile.

La conversion du blé en farine, par l'opération dite *mouture,* consiste dans le déchirement et l'enlèvement du périsperme flexible et ligneux qui enveloppe la matière amilacée du grain des céréales; ainsi, devenue libre, cette matière est la farine.

Pour être bien faite, cette double action doit s'opérer sans que la substance ligneuse du périsperme soit broyée; sans que ses débris, réduits en poudre, puissent se mêler à la farine proprement dite. Il faut qu'il n'y ait en tout cela qu'une simple décortication.

---

consommaient dans les Antilles, et qu'exportait le commerce de Bordeaux. « Les blés de la Guienne, disait un économiste du siècle « précédent, sont en général d'une très-bonne qualité, très-« propres pour la garde, pour le transport, pour la fabrique, « infiniment utiles, des *minots* (première qualité de farine que l'on « exportait en barrils) et des biscuits. Ceux du Querci et de plu-« sieurs autres crûs de la Guienne, qui vont assez de pair, ont le « plus de réputation. »

(Ch.[r] DE VIVENS : *Observations sur l'Agriculture de la Guienne*, etc., t. II, chap. 7. — 1756).

C'est pour ce motif que, bien souvent, quand le blé est trop sec, que son enveloppe a perdu l'élasticité, et qu'elle est devenue cassante, on mouille légèrement le grain avant de le mettre sous les meules.

Les blutoirs, ou sortes de tamis tournants, achèvent de séparer le son de la farine, et d'établir les qualités diverses de cette dernière.

Quant au produit que l'on obtient par la mouture, on comprend encore qu'il doit varier selon les qualités du blé lui-même, et selon la manière de faire cette mouture : c'est ainsi que l'on peut citer les chiffres de 80, 83 et 85 kilog. de farine p. 100 de froment.

Les propriétés principales d'une farine bien faite et obtenue d'un bon grain, sont les suivantes :

Une blancheur plus ou moins grande et qu'elle doit conserver en séchant; l'absence de parcelles de son, visibles à l'œil nu, quand on lui a donné une surface unie; de la douceur au toucher; une odeur et une saveur fraîches et agréables; point d'arrière-goût étranger; sans humidité surabondante, la quantité normale de cette humidité étant de 11 à 18 pour cent; enfin pouvant servir à former une pâte homogène et susceptible de s'étendre en lames minces et élastiques.

Examinée d'une manière plus précise et par rapport à sa valeur nutritive, la farine accuse cette valeur principalement par la quantité de gluten qu'elle contient (1).

(1) On désigne sous le nom de *Gluten* ou de *principe végéto-animal*, un principe immédiat de la farine des céréales et particulièrement de la farine de froment, qui se distingue par son élasticité, sa propriété de s'étendre en une membrane transparente, de couleur grise, plus ou moins foncée quand il est frais et pénétré d'eau, et d'un brun jaunâtre et cassant quand il est desséché : état sous lequel il peut se conserver indéfiniment.

Cette substance azotée, et par conséquent essentiellement nutritive, fait avec l'amidon ou fécule, la base de la farine des céréales.

D'une manière générale, les farines contiennent, sur 100 en poids :

Amidon	6/10° ou 60		
Gluten.	2/10° ou 20	pour cent.	
Substances diverses. .	2/10° ou 20		

« Quand on veut estimer la quantité de gluten contenue dans un froment, on broie celui-ci dans un mortier, on sépare le son de la farine au moyen d'un tamis de soie ; la farine étant ainsi obtenue, on en pèse 20 grammes, que l'on réduit avec de l'eau en une pâte assez ferme, bien liée, que l'on malaxe entre les doigts pendant cinq à six minutes ; on la laisse reposer ensuite pendant une heure. Après ce temps, on reprend la pâte, on la malaxe de nouveau entre les doigts ; mais cette fois, on se place sous le robinet d'une fontaine qui ne coule guère que goutte à goutte ; l'eau entraîne peu à peu l'amidon, et le gluten reste tout entier entre les doigts. Quand l'eau de lavage sort du gluten sans être troublée, l'opération est finie ; alors on pèse le gluten à moins qu'on ne préfère l'estimer à l'état sec (1). »

Voici des exemples de la proportion de gluten contenu dans les trois espèces principales de froment ci-dessus établies.

Blé dur de Venezuella.	22,75.
Blé demi-dur de Brie.	15,25.
Blé tendre ou blanc	12,65.

(1) M. Guéranger : *Leçons de Chimie appliquées à l'Agriculture*, p. 467.

« En général, dit sir Humphry Davy (1), le froment récolté dans les pays chauds est plus abondant en gluten et en matière insoluble. Sa pesanteur spécifique est plus grande; il est plus dur, et se mout avec plus de difficultés. »

Ainsi s'expliqueraient, d'abord la préférence donnée aux froments du Midi pour la fabrication des vermicels, macaronis et autres pâtes glutineuses; et, en second lieu, la possibilité pour les populations de ces mêmes contrées, des campagnes surtout, de vivre presque exclusivement de pain.

On remarquera, d'après ce qui précède, combien le dosage du gluten peut être un bon moyen, pour reconnaître la valeur d'une farine, pour juger de ses propriétés nutritives.

§ I.

ALTÉRATIONS QUE PEUVENT ÉPROUVER LES FARINES.

Les farines du commerce peuvent s'altérer, soit naturellement et par une trop longue conservation, soit par défaut de soins, soit par contact de l'humidité.

Cette altération se décèle par plusieurs caractères assez faciles à constater. Ainsi l'aspect pelotonné de la farine, qui forme alors des sortes de boules ou noyaux, de grosseur et de dureté variables; son odeur et sa saveur étrangères ou désagréables et bien différentes d'ailleurs de celles de la bonne farine.

Elle se décèle aussi, et d'une manière bien plus positive encore, par le changement d'état du gluten, qui a perdu sa ténacité, son élasticité et s'échappe en flocons visqueux des doigts qui veulent le retenir.

---

(1) *Chimie appliquée à l'Agriculture*, 3e leçon.

§ II.

FALSIFICATIONS DONT LES FARINES PEUVENT ÊTRE L'OBJET, ET MOYENS DE LES CONSTATER.

On peut falsifier les farines de bien des manières. Cependant, il est deux causes principales qui tendent à mettre des limites à ces falsifications : d'abord, le peu d'intérêt qu'il y aurait à en pratiquer certaines ; en second lieu, les difficultés que pourraient présenter les déguisements, la dissimulation de certaines autres.

Parmi les matières complètement impropres à l'alimentation, dangereuses même, que l'on a quelquefois mêlées aux farines, dans le but coupable d'en augmenter la quantité ou le poids, nous citerons l'*argile*, la *craie*, le *plâtre*. Parmi celles que l'on a choisies, parce que leur valeur pouvait être moindre que celle de la farine dont elles occupaient la place, nous citerons encore la *fécule de pomme de terre et la farine de certaines légumineuses.*

A. *Falsification au moyen de l'argile.* — Il est des argiles tellement pures, tellement blanches (1), qu'on a pu concevoir l'idée de les mêler à la farine, pour arriver à une falsification susceptible de donner de grands avantages et d'une constatation fort difficile à la simple vue.

Quand on soupçonne une opération de ce genre, on doit prendre quelques pincées de la farine suspecte, les délayer dans de l'eau très-pure, de manière à produire une bouillie claire et susceptible de couler facilement. On doit prendre une petite portion de cette bouillie avec la pointe d'un couteau et la placer sur le porte-objet d'un

---

(1) Telles sont dans le département de la Gironde, celles que l'on rencontre sur quelques points des landes, à Belin notamment, et qui sont exploitées pour la poterie de Bacalan.

microscope, ou d'une loupe montée (1), ce qu'on appelle *microscope de Raspail*, ou bien encore l'examiner au moyen d'une simple loupe. Cet examen fait découvrir, au milieu des granules translucides et brillantes d'amidon, des particules opaques, de teinte foncée, qui ne sont autres que les portions d'argiles.

En agissant comparativement avec un échantillon de farine pure, ce genre d'appréciation peut parfaitement mettre sur la voie de la falsification.

B. *Falsification au moyen de la craie* ou *du blanc d'Espagne.* — On sait que la craie est un carbonate de chaux, et qu'ainsi, elle a la propriété de faire effervescence avec les acides.

Une petite quantité de farine, que l'on suppose falsifiée par cette substance, doit être mise dans un verre et délayée avec de l'eau. Sur ce mélange, on verse par gouttes un acide quelconque, l'*acide clorhydrique*, étendu d'eau, ou du fort vinaigre. S'il se produit un bouillonnement, de l'écume, en un mot de l'effervescence, on est autorisé à croire que le mélange en question a eu lieu.

C. *Falsification au moyen du plâtre.* — Aussi bien pour la constatation de cette falsification que pour les deux autres ci-dessus, il est un moyen général que lon peut employer et dont la simplicité, au moins au premier coup-d'œil, semble devoir l'emporter sur tout ce qui a déjà été exposé.

Ce moyen consiste à brûler, dans un creuset, une certaine quantité de la farine à essayer, soit 10 à 20 grammes, à recueillir la cendre et à la peser. Or, la cendre de farine pure varie entre 5 à 10 p. 100; celle de

(1) Ce sont des loupes montées, auxquelles on donne le nom de *microscope de Raspail.* Ce petit appareil, simple et bon marché, devrait être dans les mains de tous les chefs d'exploitations rurales.

farines falsifiées avec de l'argile, de la craie ou du plâtre, accusera toujours une proportion bien supérieure.

Nous venons de dire que la simplicité de ce moyen séduit au premier coup-d'œil. C'est qu'effectivement, il est moins facile qu'il n'en a l'air, à cause du temps et des soins qu'exige l'incinération complète de la farine. Il faut longtemps tenir le creuset sur le feu, le faire rougir, en remuer avec soin le contenu pour arriver à obtenir la cendre pure et complètement exempte de toute parcelle noire et simplement charbonnée.

Toutefois, pour la recherche du plâtre, on peut recourir aussi à l'incinération, non pas seulement pour juger de la falsification par le poids de la cendre obtenue, mais pour baser sur cette cendre, dont la combustion n'a plus besoin d'être aussi complète, une opération toute spéciale.

Cette opération consiste à faire bouillir la cendre obtenue dans de l'eau de pluie (1), à laisser refroidir, à filtrer et à verser dans la liqueur claire du *clorhydrate de baryte* ou de l'*oxalate d'ammoniaque*. Ces deux réactifs, s'il y a du plâtre dans la farine, donnent immédiatement un précipité abondant qui trouble l'eau et se dépose au fond du verre.

Il ne faut pas se dissimuler néanmoins qu'on obtient ce précipité même d'une cendre de farine franche; mais, alors, il est beaucoup moins abondant : ce dont on peut s'assurer du reste en agissant comparativement.

D. Falsification au moyen de la fécule de pomme de terre. — Rien de plus facile que de mêler de la fécule de pomme de terre à la farine de froment, quand le prix de

---

(1) Ou de l'eau distillée, les seules qui soient exemptes de sels de chaux.

cette fécule est tel, qu'il peut y avoir bénéfice à une substitution de ce genre. Ainsi, on remplace partie quelconque d'une substance azotée et nourrissante, par une substance qui ne contient pas ce principe et est bien loin de pouvoir nourrir autant.

La fécule en général est toujours signalée de la manière la plus facile et la plus certaine par la *teinture d'iode*, qui a la propriété de lui communiquer une belle couleur bleue. Mais dans la farine des céréales, il y a aussi une fécule particulière, l'amidon, et dès-lors, ce réactif puissant ne peut plus fournir une indication utile.

Voici donc comment il faut agir : On prend une petite pincée de la farine soupçonnée et on la dépose sur une plaque de verre ; on délaye cette farine avec quelques gouttes d'un liquide formé d'environ 1,8 de potasse caustique pour 100 d'eau, et l'on étend le mélange en une couche mince et transparente.

Examinée soit au microscope, soit même à la loupe, la farine formant cette couche offre, s'il y avait de la fécule, des grains de cette substance extrêmement gonflés, et semblables à de petites vessies transparentes, tandis que les grains de l'amidon des céréales restent beaucoup plus petits. M. Payen assure que la différence sous ce rapport peut être comme un est à douze.

Une goutte de *teinture d'iode* ajoutée rend le double phénomène encore plus sensible, en donnant aux contours un reflet bleuâtre qui les fait apprécier plus facilement.

Ici encore, on comprend tout ce que peut gagner ce procédé à être exécuté d'une manière comparative, avec de la farine exempte de tout soupçon.

E. *Falsification au moyen de la farine de légumineuses.* Les légumineuses dont on peut faire usage pour cette falsification sont les fèves, les pois, les lentilles, les vesces, les haricots mêmes lorsque les prix de tous ces articles le permettent.

Un procédé général et fort simple peut être employé dans tous ces cas. Il consiste à prendre un tube de verre ou une éprouvette, d'un diamètre intérieur de 10 à 15 millimètres, sur à peu près 10 centimètres de hauteur; à y verser jusqu'au deux tiers environ, un liquide composé d'une partie d'acide sulfurique et de quatre parties d'eau; à y mettre ensuite, soit 70 grammes de la farine à essayer et à bien mêler le tout en agitant vivement.

Livré à lui-même, et maintenu dans son sens vertical, le tube offrira d'abord, au-dessus du liquide, une certaine hauteur d'écume. Or, si la farine est franche, au bout de dix minutes cette écume aura disparu; au contraire, si elle contient quelqu'une des substances ci-dessus énumérées, cette même écume ne se réduira pas, et se conservera très-longtemps.

A l'égard de la farine des légumineuses qui contiennent du tannin, telles que les fèves et les lentilles, on peut recourir à un autre moyen. On peut, sur une soucoupe en porcelaine, mettre, avec une baguette de verre, quelques gouttes de solution de *Protosulfate de fer*, et délayer, au moyen de la même baguette, un peu de farine à essayer, de manière à faire ainsi une bouillie épaisse. Soumise à cette épreuve, la farine franche devient *jaune-paille;* si elle contient des fèves ou des lentilles, elle devient *vert-bouteille.* Enfin, si elle contient des haricots, elle devient *jaune-oranger-pâle.*

ART. 2.

LE PAIN.

L'aliment auquel on donne le nom de *pain* et que l'on fabrique avec la farine des céréales, principalement avec celles du froment et du seigle, est trop connu et d'un emploi trop général, pour que nous nous assujettissions ici à en faire une description complète.

Tout le monde sait effectivement que la fabrication du pain est le but de l'industrie du boulanger (1), et que cette industrie, beaucoup plus difficile qu'on ne le suppose généralement, quoique cependant bien simple, admet un certain nombre d'opérations, parmi lesquelles il faut principalement citer le pétrissage, la fermentation au moyen du levain et la cuisson.

Quand la farine provient d'un bon blé et qu'elle-même réunit toutes les propriétés qui doivent être son partage, elle absorbe, dans l'acte de la panification, deux tiers d'eau, et donne un tiers de pain en sus de son poids. Ainsi, 100 kilog. de farine absorbent 66 kilog. d'eau et donnent 133 kilog. de pain. C'est sur ces données, dont les variations se renferment dans d'assez étroites limites, que sont principalement basées les appréciations pour la taxe municipale du pain.

On sait aussi que le pain admet plusieurs qualités, non pas parce que le blé servant à fabriquer la farine est plus ou moins beau; mais parce que cette farine elle-même est employée plus ou moins pure plus ou moins exempte des matières secondaires qu'il est possible d'en séparer au moyen des blutoirs.

(1) Un religieux du nom de frère Aubin, qui vivait au XIVe siècle, s'était amusé à passer en revue les principales professions connues de son temps. A propos des boulangers, il disait, entre autres choses : « Il y a 60 ou 80 ans au plus qu'on appelait les « boulangers *tameliers*, du mot tamis, *tamisium*. Véritablement, « la première opération du boulanger c'est de tamiser la farine. « Boulanger est composé de deux mots, qui signifient faiseur ou « porteur de boules : de tout temps on a fait les pains ronds. »

C'est là principalement ce qui établit la différence entre le pain des villes et celui des campagnes et aussi entre le pain fourni aux troupes sous le nom de *pain de munition.*

Enfin il y a aussi des pains de fantaisie ou de luxe, pour la confection desquels on n'emploie rigoureusement que les parties les plus fines et les plus blanches de la farine. Il y a le biscuit, également fabriqué avec ces parties choisies et traitées de manière à ne donner que de la croûte.

En résumé et comme le dit un habile chimiste, « la panification est une opération (quelle que soit d'ailleurs la forme des produits obtenus) qui a pour but de faire éclater tous les grains de fécule, et de rendre ainsi cette substance facilement assimilable à nos organes; car elle n'est nutritive pour l'homme qu'après l'ébulition ou la coction, qui fait sortir de ses enveloppes tégumentaires la partie soluble ou *dextrine* de l'amidon (1) ».

§ II.

ALTÉRATIONS QUE PEUT ÉPROUVER LE PAIN.

Le pain qui n'a pas été bien fait; celui pour la confection duquel on a employé du levain aigre; celui qui n'a pas été suffisamment cuit, etc., peut s'altérer spontanément, surtout si on veut le conserver plusieurs jours. Il peut aigrir, prendre de la moisissure, enfin se décomposer.

Une altération particulière du pain, signalée à Paris en 1853, à Bordeaux et dans d'autres localités, c'est celle qui consiste dans la teinte oranger que prend la mie, quels que soient d'ailleurs les soins et les précau-

(1) M. J. Girardin : *Leçons de chimie élémentaire.*

tions apportés dans sa fabrication. Soumis à l'examen des hommes compétents, ce genre d'altération parut avoir pour cause la dissémination d'un champignon microscopique nommé *Oïdium aurantiacum*.

Il résulte des observations de M. Payen, que les semences de ce champignon avaient la singulière faculté de supporter une température, même humide, de 100 à 120°, sans perdre leur propriété germinative; il fallait les chauffer jusqu'à 130 ou 140° pour détruire leur vitalité (1).

§ II.

FALSIFICATIONS DONT LE PAIN PEUT ÊTRE L'OBJET ET MOYENS DE LES CONSTATER.

D'une manière toute spéciale, en vue d'ajouter à ses qualités apparentes ou de déguiser les défauts de la farine dont on s'est servi, le pain a pu être l'objet de falsifications assez nombreuses. Ainsi, on y a introduit de l'*Alun*, du *Sulfate de cuivre*, du *Carbonate d'ammoniaque*, enfin on y a mis de l'eau en excès.

A. *Falsification par l'Alun.* — L'alun, le sel que les chimistes appellent *Sulfate acide d'alumine et de potasse*, a été introduit dans le pain, notamment en Angleterre, pour masquer la médiocrité des farines employées; car telle serait sa propriété, en assurant à leur produit la blancheur qui leur aurait manqué.

Bien qu'en France cet emploi n'ait guère été signalé, voici néanmoins comment on peut arriver à le constater.

On prend 100 grammes environ de la mie du pain à

(1) M. le Dr Lafargue publia également à Bordeaux des observations très-intéressantes sur le même sujet.

essayer ; on la fait macérer quelques heures dans de l'eau distillée ou dans de l'eau de pluie; on exprime la masse, on filtre, on évapore à siccité sur un feu doux et dans une capsule de porcelaine. Le résidu obtenu est redissous dans l'eau et cette eau est traitée par le *Chlorure de baryum*. Si l'alun a été introduit dans le pain, ce réactif détermine à l'instant un précipité blanc que ne peut redissoudre l'*Acide nitrique pur*.

B. *Falsification par le Sulfate de cuivre.* — Dans le but de donner au pain plus de blancheur, on a osé souvent en Hollande, en Belgique et dans le nord de la France, y introduire ce sel de cuivre. Il est vrai que cette introduction se faisait dans des proportions extrêmement restreintes et néanmoins il pouvait à la longue en résulter de graves dangers.

Dans tous les cas, pour s'assurer d'un fait de cette nature, il suffit de mettre sur la mie du pain soupçonné, une goutte de *Cyanure jaune* ou *Prussiate de potasse*. Pour peu qu'il y ait du sulfate de cuivre, la proportion ne serait-elle que de neuf millièmes, le contact du réactif déterminera au bout de quelques instants une coloration rose-jaunâtre.

C. *Falsification par le Carbonate d'ammoniaque.*— C'est pour le même motif encore et pour le faire lever que le *Carbonate d'ammoniaque* est introduit dans le pain.

La *Potasse* ou la *Soude caustiques* en solution versées sur le pain ainsi traité, donnent lieu à un dégagement d'ammoniaque sensible à l'odorat. La vue saisit aussi parfaitement ce dégagement, lorsqu'il y a contact de l'ammoniaque avec une baguette de verre ou une barbe de plume imprégnées d'acide acétique ou autre. Alors effectivement il se produit une vapeur blanche très-visible.

D. *Falsification par excès d'eau.* — L'eau peut être en

excès dans le pain, ou parce qu'on l'y a mise, ou parce qu'on a conduit la cuisson de manière à y conserver une grande partie de celle qui aurait dû se dégager.

Un pain trop aqueux peut être facilement reconnu et d'ailleurs cette circonstance en rend la conservation très-difficile. D'apres M. Payen, le pain tendre des boulangers présente $^5/_6$ de mie et $^1/_6$ de croûte; la mie contient 45, la croûte 15 et le tout ensemble 40 pour cent d'eau.

§ III.

TRANSFORMATION DU PAIN TENDRE EN PAIN RASSIS.

M. Boussingault a voulu se rendre compte du motif qui fait passer le pain tendre à l'état de pain rassis et il est arrivé à reconnaître, par des expériences fort simples, que ce motif n'était pas, comme on le croit communément, la perte de l'humidité contenue (1).

Au moment de sa sortie du four, le pain présente une croûte dure et cassante et au contraire une mie tendre et flexible. Ce sont là les caractères du pain chaud, du *pain tendre*.

A mesure que l'on s'éloigne de ce premier moment de plusieurs heures et plus encore de plusieurs jours, ces phénomènes changent complètement : la croûte devient tendre et flexible, la mie acquiert une grande dureté. Ce sont là les caractères du pain rassis, du *pain dur*.

Sans doute le pain perd de son humidité en vieillissant, mais cette perte est dans des proportions si réduites qu'il n'est pas possible effectivement de voir en cela l'unique cause des changements signalés. Ainsi M. Boussingault a trouvé que cette perte, au bout de six jours, terme

---

(1) Voir son mémoire sur ce sujet dans son ouvrage intitulé : *Mémoires de chimie agricole et de physiologie*, p. 319.

où le pain a acquis déjà une grande dureté, n'était que de 0,0080 du poids initial, du poids à la sortie du four.

En outre, tout le monde sait qu'en faisant chauffer le pain dur on lui restitue tous les caractères du pain tendre : de nouveau, on rend sa croûte dure et cassante; de nouveau, on rend sa mie tendre et flexible. Evidemment l'action de le faire chauffer, de le faire rôtir ne lui rend pas l'humidité qu'il a perdue, bien au contraire.

De tous ces faits, M. Boussingault a été autorisé à tirer la conclusion suivante. « Ce n'est pas par une moindre « proportion d'eau que le pain rassis diffère du pain ten- « dre; mais par un état moléculaire particulier qui se « manifeste pendant le refroidissement, se développe « ensuite, et persiste aussi longtemps que la température « ne dépasse pas une certaine limite ».

ART. 3.

LE LAIT.

L'origine du lait est connue; sa description serait également inutile.

Sans nous inquiéter non plus des matériaux nombreux qui constituent le lait, chimiquement considéré, nous dirons que ce liquide, tel qu'on l'obtient de la vache principalement (1), est une émulsion tenant en suspension des matières solides, très-divisées, grasses, etc,.. et dans les proportions suivantes :

Eau..........	88 à 86	sur cent.
Matières solides.	12 à 14	

Nous ajouterons enfin qu'il est dans le lait trois parties principales bien distinctes.

(1) Une vache de bonne qualité peut donner 10 à 12 litres de lait par jour en moyenne, en deux traites et pendant 320 jours.

1° La crême ou matière dont on fait le beurre ;

2° Le caillé ou *caseum*, qui est la base de tous les fromages ;

3° Le petit-lait ou *serum*. C'est l'eau du lait, tenant en dissolution le sucre de lait ou *lactine*, quelques sels principalement à bases de chaux et de potasse.

Dans le lait de vache, ces matières se rencontrent dans les proportions suivantes :

Petit-lait.	8,84	100
Crême ou beurre.	89	
Caillé ou *caseum*.	27	

Tous les laits sont plus pesants que l'eau ou ont un poids spécifique supérieur à celui de ce liquide. Ainsi, l'eau pesant 1,000, on a en poids pour les laits :

De vache.	1,029 à 1,033
De chèvre.	1,034
De jument.	1,035
De brebis.	1,040

Indépendamment de sa composition générale, le lait peut beaucoup varier dans la proportion de ses éléments et dans ses qualités, suivant une foule de causes. Ainsi, selon l'espèce, la race, l'âge, le tempérament de l'animal, le régime et le genre de nourriture, l'époque plus ou moins reculée de la mise bas. Plus on se rapproche de cette époque, plus le lait est clair ou séreux ; plus on s'en éloigne et plus aussi il est épais et riche en matières solides.

Il faut remarquer encore que chaque traite ne donne pas exactement le même lait : le premier obtenu ne vaut pas le dernier. On pourrait donc, comme le fait observer un auteur, obtenir trois qualités de lait de la même vache et à la même traite : le premier sorti serait le moins estimé, celui qui viendrait après serait meilleur, enfin le dernier serait de qualité supérieure.

Des propriétés particulières peuvent être communiquées au lait par certaines plantes consommées par l'animal.

Les alliacées lui communiquent l'odeur de l'ail. Les crucifères, celle du chou. La gratiole (*Gratiola officinalis*) le rend purgatif. L'absinthe (*Artemisia absinthium*) le rend amer. La tithymale (*Euphorbia helioscopia*) le rend âcre. Les gousses de pois verts lui communiquent une certaine odeur et le rendent moins coagulant.

D'autres plantes peuvent agir sur sa couleur. L'indigo le rend bleu. La garance (*Rubia tinctorum*) le rend rouge. La carotte (*Daucus carotta*) le rend jaune, etc.

Abandonné à lui-même, à la température de + 10 à 12°, le lait se couvre bientôt d'une matière onctueuse, épaisse et jaunâtre. Cette matière est ce que nous avons déjà nommé la crème, en ajoutant qu'elle sert à faire le beurre.

Effectivement, agitée dans une *baratte*, à une température de + 12 à 15°, cette crême perd son onctuosité, forme des grumaux jaunes qui s'agglomèrent et produisent enfin le beurre.

Chauffé à + 40 à 50°, écrémé ou non, avec un peu de *Présure* (1), le lait se coagule et s'embarrasse de

(1) On désigne sous le nom de *Présure*, le lait que l'on trouve coagulé dans l'estomac du veau, dans la partie de cet estomac nommée *caillette*.

Lavée et salée, la présure est conservée pour les fabricants du fromage. Une partie de cette matière peut coaguler *trente mille* parties de lait.

On peut encore user pour le même objet de la fleur d'artichaut, du caille-lait (*Galium verum*), des chardons, enfin des acides, du vinaigre.

flocons blancs, opaques et solides, qui ne sont autres que le caillé ou *caseum*, la base de tous les fromages.

Enfin, la partie du lait qui reste liquide après cette opération est le petit lait ou *serum* : elle est alors transparente et jaunâtre.

Disons avec M. Payen, que le lait de bonne qualité doit bouillir sans changer d'aspect; qu'en s'évaporant, il doit produire des pellicules qui se forment de nouveau, à mesure qu'on les enlève, et qu'on donne le nom de *frangipane* à cette sorte de lait solidifié.

§ I.

ALTÉRATIONS QUE PEUT ÉPROUVER LE LAIT.

Plusieurs causes peuvent déterminer chez le lait des altérations spontanées et suffisamment connues pour que nous n'ayons pas besoin de nous en occuper ici. Il peut s'altérer par son contact avec l'air; par l'effet des températures trop élevées + 18 à 20°; par l'effet de l'électricité; par le défaut de propreté des vases dans lesquels on le met; par les maladies diverses des vaches qui l'ont produit.

On sait qu'un bon moyen de préserver le lait contre les altérations qui peuvent être la suite d'une conservation trop prolongée et de l'influence des températures, c'est de le faire bouillir; mais cette opération diminue ses qualités.

§ II.

FALSIFICATIONS DONT LE LAIT PEUT ÊTRE L'OBJET ET MOYENS DE LES CONSTATER.

Le lait peut être falsifié de bien des manières. On peut lui enlever certains de ses principes constituants, la crême; on peut introduire dans son mélange des matières propres : ou à masquer cet enlèvement, ou à augmenter son volume, ou à lui donner l'apparence des qualités qui lui manquent. L'eau, la fécule, la farine, les œufs, etc., figurent principalement parmi ces matières.

A. *Falsification du lait par l'enlèvement de la Crême.* — Une des principales qualités du lait, c'est de contenir de la crême, d'être crémeux ou butyreux ; une des principales fraudes aussi dont le lait puisse être l'objet, c'est de lui enlever cette crême en totalité ou en partie.

Cet enlèvement est d'autant plus facile, que la crême est la partie la plus légère du lait, la moins dense, et qu'ainsi elle ne tarde pas à se réunir à sa surface, lorsque ce liquide est abandonné à lui-même. Le lait que l'on place dans un bocal de verre, dans une éprouvette, au bout de vingt-quatre heures s'est couvert de crême et rien n'est plus facile que de juger de la présence et de la quantité relative de cette crême, par la couleur jaune-clair propre à ce produit, contrastant avec le blanc du lait.

C'est ainsi qu'on peut connaître la richesse d'un lait à ce point de vue spécial.

C'est ainsi également qu'on peut constater la soustraction coupable et mesurer son importance.

Dans ce dernier but particulièrement, on fait usage d'un instrument fort simple nommé *Crémomètre* ou *Lactomètre.*

« C'est instrument consiste en une éprouvette de verre à pied de 0^m14 de hauteur, et de 0^m038 de diamètre intérieur divisée en 100 parties depuis le trait supérieur, qui est le 0 de l'échelle, jusqu'au fond. On y laisse reposer le lait pendant vingt-quatre heures ; par l'effet de ce repos dans un lieu frais, la crême monte à la surface ; on note alors le nombre de centimètres qu'elle occupe ; cette détermination est faite par la différence de nuance caractéristique de la crême, qui est toujours d'un blanc jaunâtre (1) ».

Or, il résulte d'observations nombreuses que le bon lait, le lait légal, ne doit pas donner au-dessous de 10 pour cent de crême; ou autrement que cette crême, dans l'instrument dont il s'agit, doit mesurer par son épaisseur 10 degrés au moins (2).

B. *Falsification du lait par l'introduction de l'eau pure ou autre.* — Nous avons dit que la crême était la partie la plus légère du lait et nous venons de voir que cette circonstance physique était la base du *Crémomètre*. Or, il résulte de ce fait capital, que plus on enlève de crême au lait et plus on le rend pesant ou dense, et plus on peut y ajouter de l'eau, non pas parce que cette eau augmente sa qualité, il s'en faut de beaucoup, mais parce qu'elle est d'une constatation très-difficile; parce que les instruments basés sur la densité, les *pèse-lait*, ne peuvent que très-imparfaitement accuser cette fraude.

Il faut donc, dans ces sortes de circonstances, et quel que soit d'ailleurs le louable désir de prévenir de coupables manœuvres, agir avec beaucoup de prudence.

Nous ne pouvons entrer ici dans la description minutieuse des divers appareils proposés pour la constatation de la falsification du lait au moyen de l'eau; nous dirons

---

(1) On trouve le crémomètre à Bordeaux, de même que tous les autres instruments dont nous parlons, chez M. Crosti, opticien, rue Sainte-Catherine, 5.

(2) Agissant nous-même comparativement, dans nos démonstrations, sur deux laits d'origine différente, nous avons constaté les résultats suivants :

Lait d'une origine sûre.	17,0	de crême pour 100.
Lait vendu dans les rues de Bordeaux à *4 sous le pot*. . .	3,5	

seulement que celui qui semble préférable jusqu'à ce moment, est le *Lacto-densimètre* de M. Quevenne et nous renverrons, pour tous les autres détails relatifs à cet instrument, à l'instruction rédigée et publiée par son auteur.

Nous ajouterons cependant que M. Quevenne fait usage, pour constater la présence de l'eau, tant dans un lait écrémé que dans celui qui ne l'a pas été, d'un aréomètre spécial, d'un thermomètre et d'une table destinée à concilier les appréciations de ces deux instruments et à en obtenir un résultat commun (1).

Il est un autre moyen de constater la présence de l'eau dans le lait, c'est celui qui consiste dans la mesure du *caseum* ou caillé contenu.

« Le *caseum* étant, parmi les divers éléments du lait, celui dont la quantité est le moins influencée par le genre de nourriture des animaux, il en résulte qu'en coagulant du lait chaud avec quelques gouttes de vinaigre, et recueillant le caillé bien égoutté et soumis à la presse, on peut, par son poids, déterminer très-approximativement la pureté relative du lait. 200 grammes de lait donnent 20 grammes de caillé ou fromage, lorsque le lait est pur ; 10 grammes seulement, lorsqu'il est étendu

---

(1) Essayées au *Lacto-densimètre*, les deux qualités de lait déjà mentionnées à la note précédente, par rapport à la crême, ont accusé les résultats suivants :

LAIT D'ORIGINE SÛRE.

32° au lacto-densimètre. }
13° au thermomètre. . . . } 31° 6 ou 32 : *Lait pur.*

LAIT A 4 *sous le pot.*

26° au lacto-densimètre }
10° au thermomètre. . . } 25° 3 : $^{3}/_{10}$ *d'eau ajoutée.*

de moitié d'eau; 5 grammes, lorsqu'il est coupé avec deux fois son poids d'eau, ainsi de suite (1) ».

Comme l'eau introduite dans le lait rend ce liquide clair et lui donne, en outre, une couleur bleuâtre, on a cherché à obvier à ces inconvénients en faisant subir à l'eau employée certaines préparations.

C'est ainsi qu'on s'est servi d'eau dans laquelle on avait fait émulsionner des amandes et, plus économiquement, des graines de chènevis (2). C'est ainsi également qu'on a fait usage d'eau colorée par du safran, du jus de réglisse, du suc de carottes cuites au four, etc.

Les amandes et le chènevis contenant de l'huile, il suffit de faire bouillir le lait, pour voir apparaître à sa surface des gouttelettes de cette huile.

Cependant, comme le beurre peut donner lieu au même phénomène, il est mieux, après avoir obtenu le *caséum* ou caillé du lait suspecté, de presser cette matière entre deux feuilles de papier et de l'abandonner ainsi pendant un ou deux jours. Au bout de ce temps, on constatera, si la préparation dont il s'agit avait eu lieu, que le papier offre des taches d'huile.

C'est encore par la séparation du *caseum* que l'on peut constater les colorations diverses ci-dessus signalées. Mais ces colorations, c'est le *serum* ou petit lait qui en fournit la preuve : cette substance ayant la propriété de retenir les matières colorantes introduites dans le lait.

Par ce moyen, effectivement, nous avons parfaitement

---

(1) M. J. Girardin : *Leçons de chimie élémentaire.*

Les deux laits déjà signalés aux notes précédentes, ont donné en *caseum*, ainsi traités, sur 200 grammes : le premier (pur) 19 grammes; le second (falsifié) 12 grammes.

(2) On donne le nom d'*émulsion* à la liqueur laiteuse que l'on obtient par le broiement de semences huileuses avec de l'eau.

démontré la coloration d'un lait, que nous avions préalablement faite avec de l'eau de safran.

Enfin, nous devons encore mentionner l'emploi d'eau blanchie par la craie, ou ce qu'on nomme un lait de chaux. On comprend qu'il suffit ici de recourir à un acide quelconque pour déterminer dans le lait une effervescence accusatrice (1).

C. *Falsification du lait par la Fécule, l'Amidon, la Farine.* — Quelques gouttes de *Teinture d'iode* versées dans du lait bouilli dénotent facilement ce mélange, en faisant passer le lait à la couleur bleue plus ou moins foncée.

Cependant, si la proportion des matières introduites était faible, il faudrait faire coaguler le lait et faire agir l'iode sur le *serum* ou petit-lait refroidi.

D. *Falsification du lait par le jaune ou le blanc d'œuf.* — Ces matières ne peuvent être introduites dans le lait qu'en très-petites quantités : ou pour lui donner une teinte jaunâtre : ou pour lui communiquer la propriété de mousser, comme s'il était très-crémeux.

Pour les découvrir, il faut d'abord filtrer le lait non bouilli au moyen d'un filtre de papier serré ou d'un double filtre, et soumettre à l'ébullition le liquide séreux obtenu.

Cette ébullition détermine des flocons nombreux très-faciles à constater quand on a soin d'agir, comme terme

(1) L'introduction de l'eau dans le lait a toujours été la fraude la plus facile, la plus commune, la plus audacieuse. Voici une preuve entre mille de ce derninr fait.

Un chanoine de la cathédrale de Bordeaux, se retirant à la sacristie après avoir dit sa messe, ne fut pas peu surpris de voir une laitière qui, pour allonger le lait de ses pratiques, puisait sans scrupule dans l'un des principaux bénitiers de l'église. On conviendra au moins que si la fraude était grossière, le lieu était on ne peut mieux choisi pour détourner les soupçons.

de comparaison et de la même manière, sur du lait que l'on sait être exempt de semblable mélange.

E. *Introduction du Carbonate de soude dans le lait.* — Nous ne qualifions pas cette introduction de falsification, parce qu'effectivement elle n'a lieu que pour empêcher le lait de tourner, de se cailler pendant l'été.

Il paraît qu'une très-petite quantité de carbonate de soude, mise dans le lait, prévient ce genre d'accident et que même elle le répare, lorsqu'il s'est produit, en saturant les acides acétique et lactique, principes de l'altération du lait, à mesure qu'ils se forment.

Dans les établissements où l'on est obligé de conserver de grandes quantités de lait, comme chez les crémiers de Paris, on fait usage, pour sa conservation, d'un liquide ainsi composé :

Eau....................	905	1000
Bicarbonate de soude......	95	

Dans les temps chauds, il suffit d'un décilitre de ce mélange sur vingt litres de lait, pour prévenir tout accident.

Cette manœuvre, nous le répétons, est trop innocente et d'ailleurs trop peu répandue dans nos contrées, pour que nous nous arrêtions ici à décrire ses moyens de constatation : moyens au surplus assez difficiles.

ARTICLE 4.

LE VIN.

Il n'est pas nécessaire non plus d'entrer dans de grands développements pour dire ce qu'est le vin ; ce qu'est la liqueur généreuse fabriquée avec le fruit de la vigne, connue, appréciée et vantée dès la plus haute antiquité :

Bonum vinum lætificat cor hominis.

Le liquide, d'abord obtenu du raisin mûr, prend le

nom de moût, et la chimie signale dans sa composition un grand nombre de matériaux : de l'eau, du sucre, du mucilage, du tannin, plusieurs sels, etc...

Parmi ces matériaux, le plus important sans contredit, c'est le sucre : le sucre qui se convertit en alcool, dans le travail de la fermentation, assurant ainsi la production d'une liqueur dite alcoolique, ou vineuse; en un mot, du vin.

Ainsi, dès le début, on comprend combien il peut être avantageux de juger de la quantité de sucre contenue dans un moût; ou, ce qui est la même chose au moins dans le plus grand nombre de cas, de connaître le poids ou la densité de ce moût.

Pour cela, on fait usage d'un instrument bien connu nommé *Gleuco-œnomètre* ou *pèse-moût* et gradué de manière que ses degrés indiquent de combien le moût dépasse l'eau en pesanteur; or, cette différence étant présumée venir du sucre contenu, on comprend sur quelle base repose l'instrument dont il s'agit.

La fermentation ayant converti le sucre en alcool, ce qui est, comme nous venons de le dire, la condition de l'existence du vin, il devient tout aussi important de pouvoir, dans un vin déterminé, connaître la quantité d'alcool contenue. Pour cela, le meilleur moyen à employer, c'est la distillation avec un petit appareil d'essai indiqué d'abord, en 1818, par M. Descroisilles, et perfectionné ensuite par M. Gay-Lussac (1).

(1) Nous possédons cet appareil dans notre laboratoire et nous en avons fait usage pour la démonstration dont il s'agit.

Agissant pour cela sur deux sortes de vins bien distincts : l'un acheté chez un débitant de Bordeaux à 50c le litre, l'autre fourni par un propriétaire de Cérons, nous avons constaté les résultats suivants :

Premier vin : 7,6 pour cent d'alcool.

Deuxième vin : 11,0 pour cent d'alcool.

§ I.er

ALTÉRATIONS QUE PEUT ÉPROUVER LE VIN.

Le vin qui a été mal fabriqué, celui dont on n'a pas eu soin, celui que l'on a mal logé, etc... est sujet à se gâter et à contracter des vices qu'il n'est pas toujours possible de faire disparaître.

Nous ne ferons ici que nommer ces différents accidents, notre but ne pouvant être de nous en occuper d'une manière spéciale.

Ainsi, le vin peut contenir une trop grande proportion de tannin, être trop astringent, trop âpre. Cela se voit surtout parmi les vins bordelais, particulièrement riches en ce principe. Leur couleur peut être trop foncée et trop persistante; elle peut aussi manquer d'intensité, comme cela se voit dans les années où le raisin n'a pas bien mûri. Il peut être trouble. Il peut être piqué, acide, aigre. Il peut se trouver chargé d'une matière particulière que l'on nomme *graisse des vins*. Il peut avoir le goût de fût. Il peut être amer, il peut être bleu. Il peut éprouver une fermentation spontanée à laquelle on donne le nom de *pousse*. Il peut déposer; il peut se couvrir de moisissure, ce qui fait dire qu'il fleurit, etc..., etc...

On voit combien sont nombreux les accidents qui peuvent altérer le vin. D'ailleurs ce n'est pas à Bordeaux qu'il faut insister sur la gravité de ces accidents, non plus que sur les moyens à employer, les précautions à prendre pour les prévenir.

§ II.

FALSIFICATIONS DONT LE VIN PEUT ÊTRE L'OBJET, ET MOYENS DE LES CONSTATER.

Il est peu de produits qui offrent autant de facilité que le vin pour les falsifications de tous genres, et il en est peu aussi, que l'on ait tant et depuis si longtemps falsifiés. Depuis l'athénien, Staphylus fils de Silénus qui le premier, au dire de Pline, inventa de mettre de l'eau dans le vin (1), combien qui ont imité cet exemple et y ont considérablement ajouté!

Il faut faire attention aussi que les progrès de la science, ont été d'un grand secours, pour ceux qui ont voulu faire de la falsification du vin une coupable industrie. La chimie principalement, en mettant à nu les matériaux constituants du vin, en précisant leur nature, les proportions de leur association, etc.., ont ouvert, en ce genre, une vaste et féconde carrière. On a corrigé, ou plutôt masqué plus ou moins habilement des vices réels; on a simulé des qualités absentes; enfin, on est arrivé à faire du vin sans raisins, à fabriquer, comme on dit, du vin de toutes pièces.

Pour achever de prouver combien, en ces sortes de choses, l'habileté a été grande et la spéculation audacieuse, nous rapporterons ici une anecdote peu connue, mise à jour par un journal de Paris, à l'occasion de la mort du célèbre chimiste, M. le baron Thénard.

« La police avait saisi des vins qu'elle avait tout lieu de croire falsifiés. Des échantillons de ces vins furent remis à M. Thénard, qui les soumit à l'analyse, et qui fit sur leur composition un rapport à la suite duquel cinquante

(1) *Hist. nat.* livre VII, ch. 57. Il est probable au surplus, qu'il s'agissait ici, non de l'eau ordinaire mise dans le vin en vue d'en augmenter la quantité, ce qui est la manœuvre la plus vulgaire et la plus commune; mais de l'eau de mer, qui avait la propriété, d'après les Anciens, d'aider à la digestion et de faire que le vin portait moins à la tête: ce que l'on comprend facilement. Cependant, disaient-ils aussi, il ne fallait pas en trop mettre, ainsi que le faisaient les Rhodiens.

tonneaux de ces vins furent répandus sur la voie publique, et le marchand traduit en police correctionnelle et condamné à une amende.

« Le marchand de vins, furieux contre M. Thénard, qu'il regardait comme la seule cause de la perte qu'il venait de subir, va chez lui pour lui faire une scène violente, et l'accuse de l'avoir ruiné.

« Mais, mon bon ami, répond M. Thénard, je ne vous connais pas.... votre nom m'est resté toujours étranger. On m'a remis des échantillons de vin à analyser, et j'ai dit tout simplement ce que j'y avais trouvé par l'analyse.

« Eh bien ! s'écrie le marchand, de plus en plus irrité, qu'est-ce qu'il y manquait à mon vin ? Voyons ! parlez ! qu'est-ce qu'il y manquait à mon vin ?

« Parbleu, dit M. Thénard, poussé à bout, il y manquait de l'acide tartrique à votre vin.

« Aussitôt, la colère du marchand de vin tombe tout à coup, et, devenant aussi poli qu'il était auparavant grossier et emporté ;

« Je vous remercie, M. le baron, dit-il, je vous remercie beaucoup... Ce que vous venez de me dire va me mettre à même de réparer promptement la perte que j'ai subie.

« Et saluant profondément l'illustre chimiste, le marchand se retire tout joyeux de la leçon de chimie alimentaire qu'il venait de recevoir et que le savant n'avait certes pas eu l'intention de lui donner. »

Notre intention à nous-même ne saurait être de parcourir avec détail tous les genres de falsifications dont le vin a été l'objet. Nous nous bornerons, comme nous l'avons fait jusqu'ici pour les autres produits dont nous nous sommes occupés, à celles de ces falsifications qui sont, si non les plus faciles à constater, au moins les plus faciles à faire, et aussi les plus communes. Ainsi l'introduction de l'*eau;* celle de matières colorantes; de *Carbonate de chaux* ou *craie*, de *Litharge*, d'*Alun*.

A. *Falsification du vin par l'introduction de l'Eau.* — Comme nous venons de le dire, rien n'est plus naturel, rien n'est plus facile que l'introduction de l'eau dans le vin; que l'addition faite à l'un de ses principaux principes constituants, en vue d'augmenter la quantité du mélange.

Au premier abord, il semble qu'il n'y a dans cette manière d'agir qu'un moyen, pour un marchand de mauvaise foi, de tromper ses pratiques. Eh bien, à Paris, cette terre classique des industries de tous genres, ce moyen a deux résultats également blâmables, également condamnables.

On fait arriver aux barrières des vins du Midi, forts en couleur. Déjà, on a eu soin d'y ajouter de l'alcool et, avant d'entrer à Paris, on augmente encore la dose de tout ce que permet l'art. 7 de la loi du 24 Juin 1824; c'est-à-dire de cinq litres par hectolitre. De sorte qu'il n'est pas rare de voir ainsi de mauvais vins contenir jusqu'à 40 et même 60 pour cent d'alcool.

On comprend qu'une fois introduits dans Paris, de tels vins comportent des additions d'eau opérées sur la plus large échelle et que, du même coup, on a trompé, et l'administration de cette grande cité, et les consommateurs nombreux qu'elle renferme.

C'est là l'industrie à laquelle on a donné le nom de *vinage* et qui fait qu'à Paris, dans les restaurants de seconde et troisième classe, on boit habituellement, sous le nom de vin, un mélange rosé d'eau et d'alcool aussi détestable au goût que peu bienfaisant (1).

(1) Voici ce que disait à ce sujet M. Gay-Lussac, à la tribune de la Chambre des Pairs, le 21 Juin 1844. — « Un hectolitre de vin et

Un autre fait tout aussi déplorable, c'est qu'il est extrêmement difficile de constater d'une manière précise et légale la falsification du vin par addition d'eau et surtout les limites de cette falsification. Jusqu'ici, il faut bien le reconnaître, sur ce point capital, la science est restée impuissante et, ce que nous pourrions citer en dehors de la dégustation dont les appréciations peuvent être extrêmement variables, consisterait en moyens, ou très-incomplets, ou très-difficiles au moins pour les personnes étrangères aux manipulations chimiques.

En réalité, il n'est possible d'arriver à la constatation, de l'introduction de l'eau dans le vin que par deux moyens également chanceux : ou par la comparaison de la matière solide d'un vin avec la portion aqueuse et susceptible d'évaporation, moyen qui n'a qu'une valeur relative : ou par la constatation des propriétés particulières de l'eau ajoutée.

Pour agir de la première manière, il faut d'abord se rappeler que le vin normal, évaporé à siccité, laisse 22 pour 1000 de résidu sec. Or, en opérant sur 100 grammes du liquide soupçonné et comparativement avec du vin dont on est sûr, on peut arriver à une indication de quelque valeur. On peut savoir de combien le vin soupçonné est inférieur, à ce point de vue, à l'autre; combien par conséquent on y a mis de l'eau, sans y introduire en même temps des substances capables d'ajouter aux matières solides qu'il devrait contenir dans l'état normal.

« un hectolitre d'alcool rendus dans Paris, auront acquitté en « droits : le premier 20 fr. 35 c., le second 82 fr. 50 c. Or, avec un « hectolitre d'alcool, on pourra en produire dix de vin à 10 centimes, qui auraient pu rendre à l'octroi 203 fr. 50 c. Il restera « conséquemment à la fraude, dans le cas le plus défavorable, « une prime de 121 fr, pour dix hectolitres de vin ».

On comprend, sans peine, les difficultés de ce moyen, tout simple qu'il paraît. Évaporer un liquide à siccité sans brûler le résidu, est une opération qui exige une habitude et une attention qui ne sont pas le partage de tout le monde.

Pour agir de la seconde manière, il faut aussi se rappeler que l'eau ordinaire de rivière, de source, et plus encore de puits, n'est jamais pure; que toujours, elle précipite par certains réactifs et notamment par l'*Oxalate d'ammoniaque*, employé pour la découverte de sels de chaux.

Étant donné un échantillon de vin soupçonné, si c'est du vin rouge, on commence par le décolorer en le mêlant préalablement avec du *charbon d'os* ou *noir animal,* jetant le mélange sur un filtre et répétant cette opération tout le temps que le liquide obtenu n'arrive pas incolore et transparent.

Arrivé à ce point, on peut : ou agir par simple essai, ou procéder par une sorte d'analyse.

Dans le premier cas, il n'est pas nécessaire de préciser la quantité de vin décoloré sur lequel on agit. Il suffit d'en mettre un travers de doigt dans un verre à expériences, d'y verser quelques gouttes d'*Oxalate d'ammoniaque* et de juger qu'il a été ajouté une eau étrangère : soit par le trouble qui se manifeste immédiatement dans le mélange et par la teinte laiteuse qu'il prend : soit par l'importance du dépôt qu'il offre au bout de quelques heures de repos.

Dans le second cas, on pèse le liquide sur lequel on veut agir, on en prend 25 grammes, par exemple, et versant de l'*Oxalate d'ammoniaque* jusqu'à ce que la liqueur, redevenue claire par le repos, ne se trouble plus, on lave ce dernier dépôt, on le sèche et on le pèse.

Pratiqué comparativement, comme ci-dessus, on comprend quel est le genre d'indice que peut fournir ce moyen. Plus la liqueur est troublée par le réactif, plus le dépôt est considérable, plus il pèse et plus y a présomption ou certitude de falsification.

Mais ici, nous devons signaler deux graves inconvénients.

Le premier, c'est qu'il est dans le vin et dans certains vins beaucoup plus que dans d'autres et naturellement, des sels de chaux : tartrate, chlorure, sulfate, etc...

La seconde, c'est que le fraudeur habile emploie soit de l'eau distillée, soit de l'eau de pluie, complètement exemptes de sels de toute nature. Cependant, comme le fait observer M. Chevallier : « Dans Paris, les vins allongés d'eau donnent un précipité assez abondant, le fraudeur aimant à faire en secret ses manipulations, emploie ordinairement de l'eau de puits, parce qu'il craindrait d'éveiller les soupçons en faisant entrer chez lui de grandes quantités d'eau de la Seine (1) ».

B. *Falsification du vin par addition d'Alcool.* — Nous venons de voir l'intérêt que l'on peut avoir à mettre de l'alcool dans le vin, pour augmenter sa force, pour déguiser l'eau qui y aurait été ajoutée. Nous avons vu également comment, au moyen de la distillation (ci-dessus art. 4; note 1), on arrivait facilement à connaître la quantité d'alcool contenue dans un vin et l'exagération de cette substance, si elle avait lieu.

Mais en agissant de la sorte, il faut être déjà fixé sur la quantité d'alcool normal d'un vin connu, ou pouvoir procéder par comparaison. Or, il peut arriver que l'on ait à décider d'une manière absolue si tel vin présenté a été ou non additionné d'alcool.

---

(1) *Dictionnaire des altérations et falsifications*, T. 2, p. 587.

Dans ce cas, il faut se rappeler que l'alcool ajouté au vin après sa sortie de la cuve, après la fermentation qui l'a constitué, ne s'y trouve qu'à l'état de simple mélange plus ou moins complet et que, dans cet état, le vin étant exposé à la chaleur, il se dégage beaucoup plus promptement que l'autre, que l'alcool normal.

Le vin à essayer est mis dans une capsule de porcelaine et placé sur le feu de manière à n'arriver à l'ébullition que lentement. Au-dessus de ce vin, à quelques millimètres, on suspend une petite lampe en fer-blanc de la capacité d'un dé à coudre, munie de deux mèches formées d'un brin de coton et garnie d'huile fine.

La lampe étant allumée, on constate que bientôt et dès que le vin commence à s'échauffer, l'alcool qui s'en dégage, s'enflamme. C'est la preuve de l'addition faite à ce principe constituant du vin. Au contraire, dans le vin, non additionné de la sorte, l'inflammation est beaucoup plus tardive et ne se manifeste que vers le moment de l'entrée en ébullition.

C. *Falsification du vin par l'introduction de matières colorantes.* — L'eau, aussi bien que l'alcool, a pour conséquence d'affaiblir la couleur du vin. Dès lors, la fraude s'est vue bien souvent dans la nécessité d'agir sur cette couleur et de la renforcer. Pour cela, elle a fait usage de matières diverses, mais la plus communément employée, c'est le *bois de Campêche.*

Si l'on verse, dans le vin naturel, de l'*Ammoniaque liquide,* ce vin devient ou *brun verdâtre,* ou *vert brunâtre.*

Si l'on traite de la même manière du vin coloré artificiellement, il ne se produit rien ou presque rien de semblable.

Toutefois, ces colorations artificielles sont rares et l'on

préfère aider un vin, sous ce rapport, au moyen d'autres vins naturellement riches en couleur, comme ceux du Roussillon, du Languedoc, du Quercy.

D. *Falsification du vin par l'introduction du Carbonate de chaux* (craie). — On a recours à cette substance pour détruire l'acidité que pourrait présenter un vin : ou fabriqué avec du raisin non mûr, ou ayant plus tard contracté ce vice, s'étant *piqué*.

Après avoir décoloré le vin suspecté, au moyen du noir d'os et en agissant comme nous l'avons déjà dit ci-dessus, on verse sur la liqueur obtenue de l'*Oxalate* d'*Ammoniaque* qui la trouble immédiatement et donne lieu bientôt à un dépôt abondant.

N'oublions pas cependant qu'il y a naturellement dans le vin, des sels que peut précipiter le réactif dont il s'agit ! mais ces sels sont beaucoup moins abondants et par conséquent ces vins donnent lieu à un trouble beaucoup moins sensible, à un dépôt beaucoup moins considérable.

E. *Falsification du vin par l'introduction de la Litharge* (protoxide de plomb). — C'est également pour adoucir le vin, pour détruire l'acidité qu'il peut offrir, qu'on a songé à y introduire une matière aussi dangereuse. « D'après Mœller, c'est un prêtre de la Forêt-Noire, Martin-le-Bavarois, qui eut le premier l'idée d'adoucir les vins au moyen de la litharge, dont certainement, il ne connaissait pas les propriétés délétères. Déjà, en 1698, à Eslingen, un individu, convaincu d'avoir empoisonné du vin au moyen du plomb, fut puni de mort; et un siècle après, on lit, dans un ouvrage imprimé à Altona, le passage suivant : *Pour conserver au vin sa saveur, il faut y mettre trois à quatre livres de plomb* (1) ! »

---

(1) M. J. Girardin : *Chimie élémentaire.*

Le vin peut dissoudre près de quatorze décigrammes de litharge par litre dans l'espace de quarante-huit heures. Cette substance lui donne de la douceur ; mais elle peut aussi donner aux consommateurs la maladie dite *Colique des peintres* et enfin causer leur mort.

Pour s'assurer de la falsification en question, il suffit de plonger dans le vin une lame de zinc bien polie. Au bout de quarante-huit heures, si elle a eu lieu, toute la portion du métal en contact avec le liquide aura pris une teinte noire foncée.

G. *Falsification du vin par l'introduction de l'Alun.* — Pour rehausser la couleur ; pour assurer la conservation du vin ; pour lui donner une saveur styptique analogue à celle du vin de Bordeaux, etc... on a songé à mettre dans ce liquide, surtout quand déjà on l'avait additionné d'eau, de l'alun.

Dans ce cas, une petite quantité d'*Eau de chaux* suffit pour éclaircir le fait. Dans du vin naturel, cette eau de chaux ne manque pas de déterminer, au bout de quarante-huit heures, des cristaux de *Tartrate de chaux.* Dans un vin traité par l'alun, ces cristaux ne se forment pas (1).

(1) Dans une ville comme Bordeaux, dans une ville qui doit son développement, sa richesse, sa réputation commerciale au vin, la pureté, la *naturalité* de cette denrée ne devraient pas même être soupçonnées. A cet égard, nous pourrions citer de nombreux arrêts de l'ancien Parlement de Guienne qui prouveraient avec quel soin, quelle sollicitude, quelle sévérité cette compagnie judiciaire veilla longtemps à la pureté du produit capital de l'agriculture de la province. Depuis cette époque, les lois ont malheureusement un peu négligé ce genre de surveillance et il serait difficile de dire qui a le plus perdu en cette circonstance, du consommateur qui s'est vu forcé de renoncer à un vin qu'il aimait, que réclamait sa santé, ou de la ville qui a vu aussi se réduire par la

ART. 5.

LE VINAIGRE.

Le vinaigre est l'acide que les chimistes désignent sous le nom d'*Acide acétique* et que l'on peut obtenir par la fermentation de matières provenant des plantes ou des animaux. Habituellement et dès la plus haute antiquité, puisque Moïse fait mention de cette substance, c'est du vin qu'on obtient le vinaigre, par des procédés constituant l'industrie des vinaigriers et dont nous n'avons pas à nous occuper ici.

Le vinaigre dont la force, le degré d'acidité, peut varier beaucoup, de même que la couleur, se distingue par une odeur agréable et une saveur acide et piquante. Son emploi dans la cuisine, dans la conservation des substances alimentaires, dans la toilette, etc., est considérable.

§ Ier.

ALTÉRATIONS QUE PEUT ÉPROUVER LE VINAIGRE.

Quand le vinaigre manque de force, sa conservation devient difficile et l'on voit se former dans son intérieur une matière d'apparence gélatineuse à laquelle on a donné le nom de *mère du vinaigre*, dans la fausse persuasion où l'on était qu'elle pouvait déterminer l'acétification du vin.

---

faute de quelques hommes indélicats, la grande confiance qu'elle avait inspirée, qu'elle avait méritée.

Dans tous les cas, il est positif que sous l'administration de l'ancien Parlement, on n'aurait pas vu annoncer dans les journaux des préparations destinées à bonifier le vin, à lui donner les qualités qui lui manquent. Les membres de cette docte Compagnie, savaient très-bien que l'unique source de toutes qualités pour ce produit, c'est la nature, et que la première de toutes ses qualités c'est d'être naturel.

Au reste, c'est ce défaut de force, dû à une fabrication vicieuse ou à l'introduction frauduleuse de l'eau, qui détermine, avant tout, les altérations dont le vinaigre est susceptible, en même temps qu'il constitue la plus essentielle de ces altérations.

§ II

FALSIFICATIONS DONT LE VINAIGRE PEUT ÊTRE L'OBJET ET MOYENS DE LES CONSTATER.

On peut falsifier le vinaigre en y ajoutant tout bonnement de l'eau et aussi, mais d'une manière beaucoup plus savante, en y introduisant une acide minéral quelconque, ainsi *l'acide sulfurique, l'acide chlorhydrique*, etc.

A. *Falsification du vinaigre par l'introduction de l'Eau.* L'eau se mêle parfaitement au vinaigre, sans changer en rien ses apparences physiques; seulement, elle diminue sa force, elle lui fait perdre une partie de son acidité, en un mot, elle le falsifie.

Bien des moyens peuvent être employés, indépendamment du goût, pour découvrir et doser ce genre de tromperie; surtout quand on veut agir d'une manière précise et en employant pour cela les ressources dont peut disposer la chimie proprement dite.

Au surplus et quels que soient ces moyens, ils sont tous basés sur l'emploi d'un alcali, ammoniaque, chaux, potasse, soude, etc...; sur la quantité nécessaire d'une de ses substances pour détruire complètement l'acidité du vinaigre.

Dans les expérimentations que nous avons faites sur ce point, nous avons reconnu que la substance la plus facile à employer, pour des essais pratiques, était le *Sous-Carbonate de soude*.

On pèse dans un verre taré d'avance, 20 grammes du

vinaigre à essayer; on pèse également 3 grammes de sous-carbonate de soude complètement sec, puis réduite en poudre fine.

Dans le vinaigre, on met du sous-carbonate par très-petites quantités, remuant chaque fois avec une baguette de verre et essayant la liqueur avec le *Papier bleu de tournesol*. Or, l'acidité est complètement détruite quand le papier bleu ne change plus de couleur, ne rougit plus au contact du vinaigre. Ce qui manque alors au sous-carbonate, indique la quantité de ce réactif qui a été consommée.

Ordinairement, pour amener à ce point 20 grammes de vinaigre d'Orléans de bonne qualité, il faut 15 à 20 décigrammes de sous-carbonate de soude. Pour les vinaigres du Midi, cette quantité n'est que de 14 à 16 décigrammes.

Agissant nous-même sur du vinaigre des débitants de Bordeaux, nous avons trouvé qu'il fallait, pour le dépouiller de son acidité, 17 décigrammes de cette même substance.

Ainsi, un vinaigre est de bonne qualité quand la saturation de son acidité exige, pour 20 grammes de liquide, 15 décigrammes de *Sous-Carbonate de soude*. Au-dessus, cette qualité est plus riche; au-dessous, elle est plus pauvre et il est un degré même où le vinaigre ne mérite plus ce nom.

B. *Falsification du vinaigre par un Acide minéral.* — Une manœuvre plus à craindre au point de vue de la santé, c'est celle qui consiste à introduire dans le vinaigre un acide minéral, soit de l'*Acide sulfurique*. Cette introduction faite dans les limites de 2 gouttes d'acide seulement sur 100 grammes de vinaigre, suffit pour exercer sur l'émail des dents une action qui fait paraître celles-ci apres et rugueuses au toucher de la langue (1).

Heureusement la constatation de cette manœuvre est sûre et facile : en voici la théorie et l'application.

Il est prouvé en chimie, que l'acide acétique n'attaque point la fécule ou matière amylacée, tandis, au contraire, que tous les acides minéraux l'attaquent et changent sa nature. Ils font ainsi de la dextrine (2), puis de la glucose (3).

Or, si l'on fait bouillir 20 à 30 grammes d'acide acétique avec 4 ou 5 millièmes seulement de son poids de matière amylacée (amidon, fécule); qu'on essaye la liqueur refroidie par quelques gouttes de *Teinture d'Iode,* deux phénomènes peuvent se produire.

Il peut arriver que cette liqueur ne change pas de couleur, et alors on a la certitude de la présence d'un acide minéral dans le vinaigre.

Il peut arriver que cette liqueur, au contraire, change de couleur, qu'elle bleuit, et alors on est certain que le vinaigre ne contient aucun acide de cette nature.

ART. 6.

L'EAU-DE-VIE.

Tous les liquides sucrés qui ont subi la fermentation sont susceptibles de fournir, par la distillation, de l'alcool ou de l'eau-de-vie. Ainsi le cidre, les grains (orge, blé, seigle, maïs), les pommes de terre, la betterave, la mélasse et surtout le vin.

« On ignore l'époque à laquelle on commença à distiller

---

(1) M. A. Chevallier : *Dictionnaire des falsifications.*

(2) On donne le nom *Dextrine* à la matière liquide contenue dans les globules d'amidon ou de fécule.

(3) On donna le nom de *Glucose* au sucre que la chimie obtient de la fécule, en traitant cette matière par l'acide sulfurique.

le vin pour en retirer *l'esprit*. Cette pratique remonte à des temps assez reculés, puisqu'elle était employée, bien avant les alchimistes, dans le nord de l'Europe. Arnault de Villeneuve, médecin et chimiste du XIIIe siècle, qui professa avec éclat la chimie à Montpellier, et Raymond Lulle, son élève, connaissaient l'eau-de-vie et enseignèrent les moyens de séparer sa partie aqueuse de manière à obtenir un produit plus riche et plus fort en *esprit ardent* ou *alcool*. Ce que Raymond Lulle et ses successeurs appelaient *quinta-essentia*, d'où dérive le mot *quintessence*, et dont ils fesaient la base de leurs travaux alchimiques, n'est autre chose que de l'esprit rectifié ou distillé plusieurs fois au moyen de la chaleur du fumier (1) ».

En principe, l'alcool obtenu de toutes les substances ci-dessus nommées est toujours absolument le même ; mais son goût peut varier beaucoup, être plus ou moins agréable, suivant les huiles essentielles secrétées par chacune d'elles.

Dans l'alcool de vin, de fruit, de mélasse, de sucre, etc.; ce goût est agréable. Dans l'alcool de grain, de pomme de terre, de betterave, etc., il est loin de jouir toujours du même avantage. De là déjà, deux grandes divisions.

Les alcools *bon goût;*

Les alcools *mauvais goût*;

Les alcools varient aussi selon leur plus ou moins de force, leur degré à l'instrument destiné à les apprécier, à *l'Aréomètre*, leur degré aréométrique ; c'est-à-dire, selon la proportion d'alcool pur qui se trouve réuni à de l'eau, pour faire une eau-de-vie quelconque (2).

(1) J. Girardin : *Chimie élémentaire*, p. 696.

(2) A la rigueur, on ne devrait nommer *alcool* que le radical de ce produit immédiat de la nature, que l'alcool pur, exempt de

Les premiers produits de la distillation du vin, marquant 39 à 40° à l'alcoomètre centésimal, sont ce que l'on appelle, à proprement parler, de l'eau-de-vie, de l'eau-de-vie ordinaire, ou eau-de-vie *preuve de Hollande* (1).

On nomme *eau-de-vie forte* celle qui marque 55, 6 à 58°, 7 au même alcoomètre. Au dessus de ces degrés, ce ne sont plus que des esprits, et les noms qui leur sont donnés, sont l'expression de la quantité de l'alcool et de celle de l'eau mêlés ensemble pour les constituer. Ainsi on dit :

Esprit trois-cinq.	(3 volumes alcool,	2 volumes eau.)
Esprit trois-six.	(3 —,	3 — .)
Esprit trois-sept.	(3 —,	4 — .)
Esprit trois-huit.	(3 —,	5 — .)

Aujourd'hui, ces distinctions sont moins usitées et l'administration ne les admet pas. Le degré alcoolique d'une eau-de-vie étant désigné par les centièmes d'alcool pur contenus. Ainsi, selon que ces degrés sont 50, 60, 80, 90, 100, on dit que l'eau-de-vie est à 50, 60, 80 90, 100°.

Voici, au surplus, quels sont les degrés des eaux-de-vie

---

tout mélange d'eau, l'alcool *anhydre* comme disent les chimistes, et réserver les noms *d'esprit et d'eau-de-vie*, avec les diverses modifications dont ils sont susceptibles, au mélange de cette substance avec l'eau.

(1) On donne aussi, dans la pratique, à ces mêmes produits et plus spécialement aux plus faibles, le nom de *flegme* ou *phlegme*

Un moyen employé autrefois pour éprouver la qualité de l'eau-de-vie, consistait à lui faire faire la *perle* ou le *chapelet*. Pour cela on mettait un peu d'eau-de-vie dans une fiole, on bouchait, on agitait fortement et la preuve résultait des bulles nombreuses ou perles formant le chapelet autour du verre. Une eau-de-vie qui fournissait cette preuve était considérée de bon aloi et au titre convenable : c'était la *preuve de Hollande*.

admises dans le commerce, à l'aréomètre ou alcoomètre de Gay-Lussac et à la température de + 15° centigrades.

Alcool pur ou anhydre		100°. 0
Esprit rectifié		94, 1
Alcool 3/6		89, 6
Esprit de vin (3/6 Montpellier)		84, 4
Eau-de-vie	de Hollande	58, 7
	double cognac	52, 5
	commune	49, 1
	faible	45, 5

Nous avons déja parlé d'un instrument propre à mesurer la force de l'eau-de-vie, instrument auquel on donne les noms *d'Aréomètre, pèse-liqueur, pèse-alcool, Alcoomètre.*

Sans entrer dans la description de cet instrument, nous dirons que, bien que basé sur un principe de physique invariable, il n'a pas toujours été gradué de la même manière, et n'a pas toujours, non plus, porté le même nom. On a eu d'abord l'*Aréomètre de Beaumé*, puis celui de *Cartier*, et enfin, on a, aujourd'hui, l'*Aréomètre centésimal de Gay-Lussac.*

Nous mentionnerons aussi un moyen auquel on a eu recours pour mesurer le degré de force de l'eau-de-vie, en se servant de la poudre à canon, bien que ce moyen n'ait pas une grande valeur.

Dans une cuiller en fer ou de tout autre métal, on met une certaine quantité de poudre, on y verse aussi l'eau-de-vie à essayer de manière à remplir la cuiller et on allume cette eau-de-vie. Rigoureusement, il doit arriver ceci : c'est que la poudre s'enflammera d'autant plus vite et d'autant plus complètement, que l'eau-de-vie a plus de force, qu'elle contient plus d'alcool et par conséquent moins d'eau.

Mais, ce qui rend cette preuve illusoire, c'est le défaut inévitable de l'inflammation quand on a mis relativement trop d'eau-de-vie : cette eau-de-vie, quelle que soit sa force, contenant toujours alors assez d'eau pour humecter la poudre et l'empêcher de prendre feu. C'est aussi, et d'après les mêmes principes, la certitude de cette inflammation quand on en a mis trop peu.

La bonne et franche eau-de-vie de vin a d'abord une couleur blanche. Mais son séjour dans des barriques de chêne et la dissolution d'une partie du tannin et de l'extractif de ce bois, lui donnent en vieillissant une couleur jaune-brunâtre. Arrivée à ce point, elle possède la propriété de noircir par l'addition d'une solution de *Persulfate de fer*. Elle a une odeur aromatique, une saveur franche et chaude, se modifiant avec le temps.

§ Ier.

ALTÉRATIONS QUE PEUT ÉPROUVER L'EAU-DE-VIE.

Ces altérations sont peu nombreuses et rares quand l'eau-de-vie est bien faite et bien conservée. Cependant, longtemps conservée en vidange, elle peut aigrir.

Elle peut aussi prendre le goût des vases dans lesquels on la conserve. Dissoudre des oxydes de métaux, plomb, cuivre, zinc, etc., avec lesquels elle se trouve en contact.

§ II.

FALSIFICATIONS DONT L'EAU-DE-VIE PEUT ÊTRE L'OBJET, ET MOYENS DE LES CONSTATER.

L'eau-de-vie peut être l'objet de bien des falsifications.

Ainsi, on a pu substituer d'une manière complète, aux eaux-de-vie de vin, des eaux-de-vie de grains, de betterave, de pomme de terre, etc... On a pu y mêler ces mêmes eaux-de-vie dans des proportions variables.

On a pu introduire dans l'eau-de-vie de vin, pour lui donner plus de force ou simuler la vieillesse, des substances âcres, telles que du poivre, du gingembre, du piment. On y a également mis de l'acide sulfurique, de l'ammoniaque, de l'alun, des matières colorantes, telles que le caramel, le cachou, etc.

A. *Substitution de l'eau-de-vie de grain, de betterave, etc., à l'eau-de-vie de vin.* — Pour les connaisseurs et les hommes exercés, l'eau-de-vie de vin se distingue de toutes les autres, et surtout de celles de grain et de betterave, par l'odeur et la saveur; c'est-à-dire que, dans le premier cas, l'alcool, toujours identique, chimiquement parlant, se trouve mêlé à des substances qui le parfument, tandis que, dans le second, les huiles essentielles dont il est imprégné lui communiquent au contraire des propriétés tout-à-fait opposées.

Si l'on met dans le creux de la main gauche quelques gouttes d'eu-de-vie, et qu'on les fasse évaporer en frottant vivement une main contre l'autre, on constate les faits suivants :

L'eau-de-vie de vin laisse un bouquet agréable et parfumé.

Celle de grains ou de betterave, au contraire, donne lieu à une odeur toute particulière et qui n'a rien d'agréable.

Cet essai, au surplus, ne peut avoir lieu que quelque temps après la fabrication : trop récentes, toutes les eaux-de-vie ont ce que l'on appelle un *goût de feu*, et il est impossible de les distinguer.

B. *Falsification de l'eau-de-vie de vin par le mélange de celles de grains, de betterave*, etc. — Pour mettre sur la voie de cette falsification, toute aussi difficile à préciser d'une manière évidente que la précédente, il faut verser un peu de l'eau-de-vie à essayer dans une capsule de porcelaine, la faire chauffer sur le feu sans qu'elle entre en ébullition et jusqu'au point où sa vapeur ne s'enflamme plus.

Arrivée à ce point, et après refroidissement, l'eau-de-vie pure a une certaine acidité vineuse, une saveur un peu âcre, une odeur douce analogue à celle du vin cuit.

De son côté, l'eau-de-vie falsifiée a une saveur plus âcre, une odeur empyreumatique, ou une odeur analogue à celle de la farine brûlée.

Pour plus de succès, ce moyen aussi bien que le précédent, doit être employé comparativement avec une eau-de-vie dont on est sûr.

C. *Falsification de l'eau-de-vie par l'introduction du Poivre, etc.* — Ce mélange, fait en vue d'ajouter au montant, à la force de l'eau-de-vie et auquel on donne le nom énergique de *Casse-poitrine,* peut être signalé ainsi qu'il suit :

L'eau-de-vie suspectée est mélangée à une quantité d'*acide sulfurique pur* égale à la sienne. La teinte qu'elle prend alors est d'autant plus noire, d'autant plus foncée, que la proportion de poivre, gingembre, piment, etc., était plus considérable.

D. *Falsification de l'eau-de-vie au moyen de l'Acide sulfurique.* — Une très-petite quantité d'acide sulfurique mise dans l'eau-de-vie suffit pour y développer le bouquet qu'elle doit naturellement à la vieillesse; il y forme une certaine proportion d'éther qui aromatise le liquide et lui donne toutes les apparences de la vétusté.

Ainsi préparée, l'eau-de-vie rougit fortement le *papier bleu de Tournesol:* ne contînt-elle qu'un centième d'acide sulfurique.

En outre, elle précipite en blanc par l'*Eau de chaux*, par le *Chlorure de baryum* et par l'*Acétate de plomb*. Pour l'emploi de ces trois derniers réactifs, il est bien de réduire l'eau-de-vie, par l'évaporation, au dixième de sa quantité.

E. *Falsification de l'eau-de-vie au moyen de l'Ammoniaque.* — Ce genre de falsification a lieu pour donner immédiatement à l'eau-de-vie nouvelle l'aspect et l'onctuosité de la vieille eau-de-vie.

De même que l'eau-de-vie traitée par l'acide sulfurique rougit le *Papier bleu de Tournesol*, de même aussi l'eau-de-vie traitée par l'ammoniaque ramène au bleu ce même papier, quand il a été rougi par un acide faible quelconque, et c'est là ce qui décèle cette dernière falsification.

En outre, le même mélange fait qu'il se produit des vapeurs blanches, lorsqu'on expose à la surface du liquide une baguette imprégnée d'*Acide chlorhydrique*, *acétique* ou autres.

F. *Falsification de l'eau-de-vie au moyen de l'Alun.* — On introduit de l'alun dans l'eau-de-vie pour lui donner de la saveur.

Un tel mélange rougit encore le *papier de tournesol.* En outre, il donne un précipité floconneux par le *Carbonate de potasse*, et un précipité blanc par le *Chlorure de baryum.*

G. *Falsification de l'eau-de-vie au moyen du Caramel, du Cachou, etc.* — Toutes ces matières ont pour but de communiquer à l'eau-de-vie la couleur qu'elle doit ordinairement à l'âge et au séjour dans les barriques.

La constatation de la première falsification, par le caramel, est difficile. Il faut évaporer à siccité et agir sur le résidu : c'est toute une opération de laboratoire. Heureusement, cette falsification est sans danger pour les consommateurs.

Quant à la seconde, par l'emploi du cachou, il est facile d'en prouver l'évidence au moyen du *Persulfate de fer*, qui fait passer au *vert* et au *vert-brun* une eau-de-vie ainsi traitée.

ART. 7.

LE BEURRE.

Tout le monde connaît le beurre, tout le monde sait que le beurre est une matière grasse obtenue du lait, au moyen de certaines manipulations mécaniques et servant comme aliment et comme assaisonnement. Il paraîtrait que ce produit ne serait autre, du reste, qu'une huile animale à laquelle une certaine dose d'oxigène donnerait de la solidité.

La chimie admet, comme principes constituants du beurre, trois corps principaux et qu'elle nomme : l'*oléïne*, la *stéarine* et la *butyrine*.

Le beurre a une couleur qui varie du blanc au jaune plus ou moins foncé. Il peut participer du goût et du parfum que les différentes plantes fourragères sont susceptibles, comme nous l'avons vu, de communiquer au lait des vaches et autres. Enfin, il fond à une température de 36°.

§ Ier.

ALTÉRATIONS QUE PEUT ÉPROUVER LE BEURRE.

L'altération la plus commune du beurre, c'est celle qui le fait devenir rance, lui donne un goût fort et désagréable et le rend impropre à la consommation.

Une conservation attentive dans un endroit frais, beaucoup de propreté, la fusion, la salaison préviennent ce genre d'altération.

Lorsque le beurre n'a pas été fait avec soin, qu'on s'est servi sans toute l'attention convenable de vases de cuivre, il peut aussi retenir quelques parcelles de l'oxyde de ce métal.

Ce dernier cas, heureusement fort rare, pourrait déterminer des accidents graves ; aussi, convient-il de dire dès cet instant que, pour le signaler, il suffit de traiter le beurre avec le *Cyanure jaune* ou *Prussiate de potasse*. Ce réactif, dans le cas dont il s'agit, fait prendre au beurre une teinte cramoisi.

§ II.

FALSIFICATIONS DONT LE BEURRE PEUT ÊTRE L'OBJET ET MOYENS DE LES CONSTATER.

Dans le but d'augmenter la quantité et le poids du beurre, on y a mêlé plusieurs matières étrangères, bien qu'en général cependant il soit assez difficile de déguiser de semblables manœuvres. Ainsi, on a eu recours à la craie, à la fécule de pomme de terre ou seulement à la pomme de terre cuite et écrasée, à la farine de blé, etc... On a cherché aussi à retenir dans le beurre soit de l'eau des lavages, soit du lait ayant servi à sa fabrication.

A. *Falsification du beurre au moyen de la Craie*, ou *Carbonate de Chaux*. — Cette falsification est la plus grossière de toutes; car, pour la constater, il suffit de faire usage d'un acide quelconque, qui détermine immédiatement une effervescence accusatrice.

On peut aussi faire fondre le beurre, mêlé avec un peu d'eau, dans un tube de verre bouché à son extrémité inférieure et en plongeant ce tube dans un bain-marie. Bientôt le carbonate de chaux, plus lourd que le liquide, se précipite au fond du tube, l'eau le domine et enfin par dessus se trouve le beurre fondu.

B. *Falsification du beurre au moyen de la Fécule de pomme de terre, ou de la pomme de terre elle-même*. — Dans ce cas, on prend un peu du beurre soupçonné, gros comme une fève, on le met dans un mortier et après avoir ajouté quelques gouttes de *Teinture d'iode*, on triture le tout. Si le mélange a eu lieu, bientôt la matière passe au bleu plus ou moins foncé; dans le cas contraire, elle prend une couleur jaune-oranger.

C. *Falsification du beurre au moyen de la farine de blé.* — Pour cet essai, on fait encore usage du tube de verre dont nous avons parlé ci-dessus; on y met une partie de beurre et environ dix parties d'eau, on fait fondre au bain-marie.

Au bout d'un certain temps, les matières étrangères au beurre se réunissent sous forme de grumeaux : on peut les retirer et au besoin même les peser.

D. *Falsification du beurre au moyen de l'eau ou du lait laissés en excès.* — Pour mettre à jour ce genre de tromperie, il suffit de couper et de triturer le beurre avec un couteau. Dans ce cas, on voit l'eau ou le lait en excès, sortir par gouttelettes.

ART. 8.

LA GRAISSE.

Ce n'est pas dans les contrées où les aliments sont préparés à la graisse, qu'il faut dire ce qu'est cette matière, ni quelle est son origine.

Nommée également axonge, saindoux, cette substance blanche, molle, presque inodore est insoluble dans l'eau et sa fusibilité au feu a lieu entre 26 et 31 degrés de chaleur. Deux substances spéciales déterminées par la chimie constituent la graisse : l'*oléïne,* encore liquide à 0, et la *stéarine*, fluide à 50 degrés.

§ Ier.

ALTÉRATIONS QUE PEUT ÉPROUVER LA GRAISSE.

Le contact trop immédiat et trop prolongé de l'air fait rancir la graisse; le défaut de propreté et de soins concourt au même résultat. Enfin, son séjour prolongé dans des vases de cuivre peut aussi la disposer à prendre quelques parcelles de l'oxyde de ce métal pour former du *Stéarate* ou de l'*Oléate de cuivre*, ce qui lui communique une couleur verdâtre.

La graisse rance décèle ce vice par une couleur jaune et une odeur forte. Dans cet état, elle rougit le *Papier bleu de tournesol.*

La graisse imprégnée d'oxyde de cuivre, révèle cette circonstance, non-seulement par une couleur verdâtre, mais encore par la couleur bleue que détermine immédiatement le contact de quelques gouttes d'*Ammoniaque.*

§ II.

FALSIFICATIONS DONT LA GRAISSE PEUT ÊTRE L'OBJET ET MOYENS DE LES CONSTATER.

Les falsifications que l'on peut faire subir à la graisse sont un peu celles dont le beurre devient quelquefois l'objet. On peut aussi y mêler du sel en excès, y laisser de l'eau et enfin mêler les premières qualités avec des qualités inférieures.

A. *Falsification de la graisse par excès de sel.* — En faisant fondre la graisse dans l'eau, la retirant ensuite et la pesant refroidie, la différence en moins avec un autre pesée préalablement faite, accuse la quantité de sel abandonné.

Comme ce sel reste en dissolution dans l'eau, cette solution donne avec le *Nitrate d'argent* un précipité blanc et caillebotté, soluble dans l'*Ammoniaque* et insoluble dans l'*Acide nitrique.*

B. *Falsification de la graisse par l'eau en excès*, etc... — Malaxée pendant quelques moments avec une spatule de bois, la graisse qui a retenu une trop grande quantité d'eau, la laisse transsuder sous forme de gouttelettes.

Nous pourrions aussi parler du mélange de la craie, de la fécule, de la farine, mais pour tous ces cas, heureusement rares, on agira comme pour le beurre.

Enfin, c'est une falsification aussi que l'introduction, dans les bonnes qualités de graisse, d'autres qualités inférieures; mais ici on doit s'en rapporter à la perspicacité des ménagères et d'ailleurs de tels mélanges altèrent notablement la couleur et la saveur de la bonne graisse.

ART. 9.

LE SEL (1).

Le sel est, comme l'eau, un présent de la Providence. Elle nous l'offre : soit dissous dans l'eau de mer et dans celle de certaines fontaines : soit à l'état solide et formant des bancs puissants dans l'intérieur de la terre. Le premier est nommé *sel marin*; le second *sel gemme*.

---

(1) « Nous sommes d'avis, dit Brard, qu'il faut conserver à la « substance que nous employons pour saler nos aliments le nom « pur et simple de *sel*. Le mot sel employé seul est plus clair et « plus précis que tout autre; il dit tout ce qu'il faut, ni plus ni « moins; on dit c'est du sel, comme on dit c'est du sucre; et « dans l'un et l'autre cas, il est fort inutile de répéter que c'est « du sel marin ou du sel gemme; que c'est du sucre de canne ou « du sucre de betterave : qu'on le sache, rien de mieux; mais « qu'on l'explique à chaque instant, rien de plus inutile. »

(Dictionnaire usuel de chimie, de physique et d'histoire naturelle).

Souvent on nous demande quels sont les livres élémentaires que l'on peut consulter pour s'éclairer sur les points divers que soulève l'étude de l'agriculture. Nous n'en connaissons pas de plus clair, de plus simple et de plus précis que le dictionnaire de Brard.

Chimiquement, le sel est une combinaison de *Chlore* et de *Soude*, d'où son nom de *Chlorure de sodium*.

Quand il est pur, la combinaison est la suivante :

Chlore.	60	100.
Soude.	40	

Il cristallise en cubes incolores, translucides renfermant de l'eau d'interposition. D'où sa propriété de décrépiter quand on le projette sur les charbons ardents.

Il se dissout dans l'eau froide et mieux dans l'eau chaude. Il faut un peu plus de trois parties d'eau pour dissoudre une partie de sel.

Il est soluble dans l'alcool dont il colore la flamme en jaune.

Les *marais salants* sont nombreux sur les bords de la Méditerranée et de l'Océan. Il y en a beaucoup dans la Charente-Inférieure, dans la Gironde, etc.

L'eau de la mer est amenée dans de grands bassins plats, où elle abandonne le sel en s'évaporant (1).

Ce sel est ramassé, mis en tas coniques nommés *pilots*, recouvert de paille et abandonné plusieurs mois.

Ainsi le sel achève de s'égoutter, puis on le livre au commerce : c'est le *sel brut*, le *sel gris*.

Ce sel est remanié par d'autres industriels, pour en

---

(1) L'eau de mer contient une grande proportion de sel ou *Chlorure de sodium* et bien d'autres principes encore.

Voici le résultat d'une analyse de l'eau de la Manche. On trouve dans 1,000 grammes :

Chlorure de sodium.	25, 10
— de magnésium.	3, 50
Sulfate de magnésie.	5, 78
— de chaux.	0, 15
Carbonate de magnésie et de chaux. . .	0, 20
Acide carbonique.	0, 23

faire le *sel raffiné* ou *sel blanc.* C'est encore par la solution, mais à chaud, et par l'évaporation qu'agissent ces derniers.

On sait quelle est l'immense consommation de ce produit.

§ I.

ALTÉRATIONS QUE PEUT ÉPROUVER LE SEL.

Le sel n'est pas susceptible de se gâter par lui-même. Cependant il est hygrométrique, c'est-à-dire capable d'attirer l'humidité de l'air et de se dissoudre en certaines proportions. Cela arrive, s'il n'est pas conservé avec soin et dans des lieux secs.

Il peut aussi contenir des substances plus ou moins dangereuses, communiquées par les ustensiles de cuivre, de plomb, etc., employés pour son épuration.

§ II.

FALSIFICATIONS DONT LE SEL PEUT ÊTRE L'OBJET ET MOYENS DE LES CONSTATER.

L'immense consommation du sel, son prix élevé font que bien souvent et de bien des manières on a tenté de le falsifier.

Les principales substances employées pour cela, ont été le *plâtre* ou *sulfate de chaux*, les *sels de Varech*, *l'eau*.

A. *Falsification du sel au moyen du plâtre* ou *Sulfate de chaux.* — Pour reconnaître cette falsification, on mêle une partie du sel suspecté avec quatre parties d'eau environ en poids. On fait bouillir, on laisse refroidir et reposer et l'on voit tomber le plâtre au fond du liquide et former un dépôt.

La solution elle-même peut fournir des indices, car elle est blanchâtre lorsque le sel contient du plâtre et vert-jaunâtre, quand le sel est pur.

B. *Falsification du Sel au moyen du sel de Varech.* — En incinérant, sur les côtes de la Manche, le Varech (1) on obtient ce qu'on appèle le sel de varech.

Quand on suppose que ce sel a pu être mêlé au sel commun, il faut prendre une pincée de ce dernier et le mettre dans une soucoupe. Il faut y verser quelques gouttes d'une *Solution d'amidon* de manière à l'en imprégner (2). Puis aussi quelques gouttes de *Chlore*.

Si le mélange est réel, on voit immédiatement le sel se colorer en violet ou en bleu.

C. *Falsification du sel par excès d'eau.* — Le sel normal ne doit retenir qu'un 18e de son poids d'eau. Agissant sur 100 grammes de sel et faisant sécher, au moyen d'une étuve ou de toute autre manière, on peut juger par la différence de la première pesée avec la seconde, de combien cette quantité a été dépassée.

---

(1) « Toutes les plantes marines que l'on trouve sur les bords de « l'Océan et de la Méditerranée, qui croissent sur les côtes ou « dans le fond des mers, d'où elles sont rapportées par les va- « gues, portent les noms de Varech ou de Fucus. »

(Brard : *Dictionnaire*, etc...)

(2) Pour obtenir cette solution, on fait bouillir 5 à 6 décigrammes d'amidon dans 60 grammes eau.

BORDEAUX. — IMPRIMERIE DE TH. LAFARGUE, LIBRAIRE,
Rue Puits de Bagne-Cap. 8.

www.ingramcontent.com/pod-product-compliance
Lightning Source LLC
LaVergne TN
LVHW011957160826
845678LV00002B/595
* 9 7 8 2 3 2 9 6 7 5 9 6 1 *